AF501893

RHEINISCH
WESTFÄLISCHE
AKADEMIE DER
WISSENSCHAFTEN

Rheinisch-Westfälische Akademie der Wissenschaften

Geisteswissenschaften Vorträge · G 238

Herausgegeben von der
Rheinisch-Westfälischen Akademie der Wissenschaften

29. Jahresfeier am 23. Mai 1979

GÜNTHER STÖKL

Osteuropa – Geschichte und Politik

Springer Fachmedien Wiesbaden GmbH

29. Jahresfeier am 23. Mai 1979

Stökl, Günther:
Osteuropa, Geschichte und Politik : 29. Jahresfeier am 23. Mai 1979 / Günther Stökl. – Opladen : Westdeutscher Verlag, 1979.
(Vorträge / Rheinisch-Westfälische Akademie der Wissenschaften : Geisteswiss. ; G 238)
ISBN 978-3-531-07238-8 ISBN 978-3-322-86030-9 (eBook)
DOI 10.1007/978-3-322-86030-9

Originally published by Westdeutscher Verlag GmbH Opladen 1979
Gesamtherstellung: Westdeutscher Verlag GmbH

ISSN 0172-2093 (Vorträge G)
ISSN 0172-3464 (Jahresfeier)
ISBN 978-3-531-07238-8

Inhalt

Präsident Professor Dr. phil. *Theodor Schieder*, Köln

Begrüßungsansprache 7

Professor Dr. phil. *Günther Stökl*, Köln

Osteuropa – Geschichte und Politik 13

Vorgeschichte und Voraussetzungen 13

Institutionalisierung unter politischen Vorzeichen 16

Verwissenschaftlichung als Gesprächsbasis 21

Anmerkungen 25

Begrüßungsansprache

von *Theodor Schieder*, Köln

Ich habe die Ehre, im Namen der Rheinisch-Westfälischen Akademie der Wissenschaften zu ihrer Jahresfeier 1979 unsere Gäste, Freunde und Mitglieder zu begrüßen. Ich heiße Sie willkommen zu gemeinsamen Stunden einer dem Nachdenken gewidmeten Feier. Sie haben durch Ihre Teilnahme Ihr Interesse an dem Wirken der Akademie bekundet, wofür wir Ihnen aufrichtigen Dank sagen. Sie vertreten viele öffentliche Institutionen, an der Spitze mehrere Ministerien des Landes Nordrhein-Westfalen, Organisationen der Wissenschaft und Hochschulen, des Rechtslebens, der Wirtschaft und nicht zuletzt Vertretungen der uns befreundeten Staaten, von denen sieben Generalkonsuln zu unserer Freude erschienen sind. Es ist diesmal eine größere Zahl von Gästen, die uns aus triftigen Gründen eine Absage geben mußten, da unsere Jahresfeier der Konkurrenz größerer Veranstaltungen weichen mußte. So haben uns der Herr Ministerpräsident Rau, der Vorsitzende des Kuratoriums unserer Akademie, und Herr Professor Jochimsen, Minister für Wissenschaft und Forschung, mitgeteilt, daß sie die Teilnahme an der Bundesversammlung zur Wahl des Bundespräsidenten daran hindert, unserer Einladung zu folgen – eine Verpflichtung, der gegenüber alles andere zurücktreten mußte. Aber auch die Jahrestagung der Rektorenkonferenz in Berlin und des Stifterverbandes für die deutsche Wissenschaft in Essen haben manchen davon abgehalten, zu uns zu kommen. Wir fühlen uns mit allen denen verbunden, die uns ihr Bedauern darüber mit freundlichen Worten zum Ausdruck gebracht haben.

An erster Stelle steht die Verpflichtung der Lebenden, der Toten zu gedenken, die im vergangenen Jahr von uns gegangen sind. Der Tod hat reiche Ernte gehalten und uns sieben Mitglieder entrissen, bedeutende Vertreter ihres Faches und tätige Mitarbeiter der Akademie.

Es verstarben die ordentlichen Mitglieder:

Am 4. Juni 1978 Professor Dr. phil. Ernst Langlotz;
am 15. Juni 1978 Professor Dr.-Ing. Herwart Opitz;
am 10. Januar 1979 Professor Dr. med. Emil Lehnartz;
am 24. Januar 1979 Professor Dr.-Ing., Dr. phil. Heinrich Mandel;

am 26. Januar 1979 Professor Dr. phil. Hans Erich Stier;
am 18. März 1979 Professor Dr. phil. Paul Hacker;
am 9. Mai 1979 das korrespondierende Mitglied der Klasse für Natur-, Ingenieur- und Wirtschaftswissenschaften Professor Dr. med., Dr. med. h.c., Dr. med. h.c. Ernst Derra.
Wir gedenken ihrer in Ehrfurcht und Dankbarkeit.

Dem Präsidenten obliegt es, die Öffentlichkeit über die Tätigkeit, die Leistungen und Pläne des letzten Jahres zu unterrichten, eine Aufgabe, die mit statistischen Angaben zu erfüllen unbefriedigend bleiben muß, ohne daß wir auf diese ganz verzichten können. Wenn Wachstum ein Zeichen der Lebenskraft sein soll, dann können wir nur mit bescheidenen Zahlen aufwarten: die Akademie ist von 162 auf 168 ordentliche und korrespondierende Mitglieder angewachsen. Lassen Sie mich auch die Namen und Fächer der neu in unsere Reihen Aufgenommenen nennen:

Die Klasse für Natur-, Ingenieur- und Wirtschaftswissenschaften hat

Herrn Horst Rollnik,
Professor für theoretische Physik,
Universität Bonn,
zu ihrem ordentlichen Mitglied gewählt;

die Klasse für Geisteswissenschaften hat:

Herrn Roger Goepper,
Professor für Ostasiatische Kunstgeschichte,
Universität zu Köln,

Herrn Heinz Gollwitzer,
Professor für Neuere und Neueste Geschichte,
Universität Münster,

Herrn Martin Honecker,
Professor für Systematische Theologie und Sozialethik,
Universität Bonn,

Herrn Hans Rothe,
Professor für Slavische Philologie,
Universität Bonn,

Herrn Hans Schadewaldt,
Professor für Geschichte der Medizin,
Universität Düsseldorf,

zu ordentlichen Mitgliedern gewählt.

Wir hoffen, daß sich die wissenschaftlichen und menschlichen Kontakte mit den neuen Mitgliedern bald einstellen und diese dazu beitragen werden, die der Akademie gestellten Aufgaben zu erfüllen.

Als Ausweis wissenschaftlicher Produktivität gelten von jeher Veröffentlichungen. Die beiden Klassen der Akademie haben im vergangenen Jahre siebzehn Publikationen in unserer Reihe Vorträge, davon sieben in der geisteswissenschaftlichen Klasse, zehn in der Klasse für Natur-, Ingenieur- und Wirtschaftswissenschaften, herausgegeben, dazu zwei Abhandlungen, davon eine über ein internationales Symposium über Arteriosklerose. Die Thematik der Vorträge ist weit gespannt und reicht von der Urgeschichte bis zur Kernenergie, vom alten China bis zu Fragen der modernen Stahlindustrie. Die Titel finden sich verzeichnet im soeben erschienenen Jahrbuch 1978 der Akademie, das auch sonst am besten in unsere Arbeit und Organisation einzuführen vermag. Wir hoffen auf Interesse für die meist schmalen, aber inhaltsreichen Hefte, die seit Jahren bekannt sind und deren Verteilung viele Stellen unseres Landes erreicht.

Es spiegeln sich darin die vielfältigen Aufgaben einer Akademie, die alle in der Gemeinsamkeit eines Hauptziels verbunden sind: Wissenschaft durch eine die Fächer übergreifende Kooperation zu fördern. Die Organisationsformen der Akademien sind dabei durchaus verschieden. Die Rheinisch-Westfälische Akademie nimmt aufgrund ihrer Entstehungsgeschichte eine Sonderstellung unter den Akademien der Bundesrepublik in Göttingen, Heidelberg, Mainz und Münster ein: sie, genauer ihre Vorgängerin, die Arbeitsgemeinschaft für Forschung des Landes Nordrhein-Westfalen, ist entstanden als Beratungsorgan der Landesregierung, und ihr dadurch geprägter Charakter, ihre enge Verflechtung mit den Organen der Landesregierung, hat sich erhalten. Beratung der Landesregierung bei der Forschungsförderung nennt auch das Akademiegesetz als einen ihrer wichtigsten Aufgabenbereiche, was nicht bedeutet, daß die Akademie durch ihr eigenes Schwergewicht nicht ihr eigenes wissenschaftliches Leben führen kann. Das Gesetz läßt ihr dafür durchaus Spielraum.

Es gibt einige unerläßliche Voraussetzungen für die Funktionsfähigkeit einer und ich möchte sagen jeder Akademie. Ich will versuchen, diese in aller gebotenen Kürze zu definieren:

1. Eine Akademie muß in sich selbst die Bedingungen erfüllen, die vorhanden sein müssen, damit die Gesamtheit der Wissenschaften in ihr zu Wort kommt. Da sich der Kosmos der Wissenschaften ständig verändert und erweitert, zuweilen auch beschränkt, muß die Organisation und Zusammen-

setzung ihrer Klassen flexibel sein. Die Rheinisch-Westfälische Akademie der Wissenschaften trägt dem dadurch Rechnung, daß sie neben einer Reihe festgelegter, sehr weitgefaßter Wissenschaftsbereiche die Hälfte der Plätze bereithält, über deren Fachbestimmung die beiden Klassen frei verfügen können. Diese Einrichtung hat sich sehr bewährt, da sie die Möglichkeit gibt, den Fächerkatalog je nach den wissenschaftlichen Bedürfnissen zu ergänzen. Es wäre zu wünschen, daß auch die Fächer berücksichtigt werden, die an den großen Universitäten durch die Ausrichtung auf die Lehre in Bedrängnis geraten können. Im übrigen verdient vermerkt zu werden, daß unsere Akademie die einzige in der Bundesrepublik ist, in der auch die Ingenieurwissenschaften obligatorisch vertreten sind. Damit ist Gelegenheit gegeben, das Gespräch nicht nur zwischen Geisteswissenschaften und Naturwissenschaften zu führen, sondern auch über die Anwendung der Naturwissenschaften in unserer modernen Welt. Daraus sollten alle Gewinn ziehen, denen an einer Humanisierung der technischen Welt und an einer Gegenwartsbezogenheit der geistigen Welt gelegen ist.

2. Eine Akademie soll die aktivsten Forschungskräfte im Lande an sich ziehen, die auch in anderen wissenschaftlichen Organisationen sich ausgezeichnet haben. Die Notwendigkeit, junge Forscher aufzunehmen und eine Verjüngung anzustreben, ist damit gegeben und sollte immer beachtet werden. Sie soll eine Ergänzung der Hochschulen, nicht ihr Gegenpart sein; keine Ruhestätte von den Turbulenzen der Hochschulen, sondern ein Tummelplatz aktiv vertretener, oft gegensätzlicher Meinungen, die in den Diskussionen der Klassensitzungen aufeinanderstoßen. Die Forderung, daß den Akademien die Aufgabe der Ergänzung der Universitätsforschung zufallen soll, hat schon Wilhelm von Humboldt vertreten. Die Monopolisierung der Forschung bei den Akademien und die Abtrennung der Lehre, die den Hochschulen überlassen bleibt, wie sie in den Ostblockländern unter sowjetischem Einfluß vorgenommen wurde, ist kein nachahmenswertes Vorbild. Wenn wir an der Einheit von Forschung und Lehre festhalten, kann uns das Schicksal der Hochschulen nicht gleichgültig sein. Die Akademie hat daher auch zu dem Entwurf des neuen Hochschulgesetzes des Landes Nordrhein-Westfalen Stellung genommen und diese ihre Initiative ist auf Verständnis gestoßen und hat zu intensiven Aussprachen mit dem Minister für Wissenschaft und Forschung und der Landesregierung geführt. Wir hoffen, daß unsere Einwände und Vorschläge, die ausschließlich die Forschung betreffen, wie es uns allein zukommt, Berücksichtigung finden.

3. Eine Akademie soll sich nicht in den oft berufenen Elfenbeinturm der Wissenschaft zurückziehen, sondern dazu beitragen, daß wissenschaftliche Ergebnisse der Öffentlichkeit bekannt werden. Die Voraussetzungen dafür

sind an unserer Akademie günstig, da sie die einzige in der Bundesrepublik ist, deren Sitzungen sich nicht auf ihre Mitglieder beschränken, sondern einem interessierten Kreis der Öffentlichkeit zugänglich sind. Wir freuen uns über jedes Mitglied der Landesregierung, jeden Abgeordneten, jeden Beamten einer Landesbehörde, der von dieser Möglichkeit Gebrauch macht und sich an unseren Sitzungen und Diskussionen beteiligt. Es ist in der Akademie mit großer Zustimmung vermerkt worden, daß der Herr Minister für Wissenschaft und Forschung, Professor Jochimsen, neulich unser Gast war, als wir über Aufgaben der Forschungspolitik in Natur- und Geisteswissenschaften diskutierten, und daß er aktiv an den Diskussionen teilgenommen hat. Wir sehen aber mit Bedauern, daß die Beteiligung von außerhalb der Akademie stehenden Persönlichkeiten gegenüber früher erheblich abgenommen hat. Die Akademie und ihre Klassen sind ständig bemüht, ihre Programme darauf abzustimmen, daß sie sowohl die Funktion der Erkenntniserweiterung durch wissenschaftliche Gespräche von Fachleuten erfüllen wie auch der Mittlerfunktion gerecht werden, die uns gegenüber Nicht-Fachleuten zukommt. Als eine solche Mittlerfunktion verstehen wir auch die im Gesetz festgelegte Pflicht zur Beratung der Landesregierung in Fragen der Forschungsförderung. Wir haben Vorsorge getroffen, daß in dem dafür eingesetzten Beratungsausschuß durch die Erweiterung der Zahl seiner Mitglieder die Belastung der einzelnen Fachgutachter möglichst gerecht verteilt wird. Es ist eine Ehrenpflicht der zu diesem Amt gewählten Akademiemitglieder, die ihnen vorgelegten Anträge prompt und sachkundig zu bearbeiten.

4. Für eine Akademie gehört schließlich Teilnahme an der Forschung zu ihrem Selbstverständnis. Die Rheinisch-Westfälische Akademie der Wissenschaften betreut eine Reihe von langfristigen Unternehmungen so verschiedener Art wie die Herausgabe der Werke Hegels, die Papyrusforschung, die Edition der Akten des Westfälischen Friedenskongresses, die Herausgabe des Reallexikons für Antike und Christentum. Alle diese langfristigen Unternehmungen schreiten voran in dem ihnen angemessenen Tempo, ohne Überstürzung, aber in stetigem Wachsen, das u. U. eine Generation überdauern wird. Im Zusammenhang mit der jüngst auch im Landtag mit ausgesprochenem Wohlwollen für die Akademie diskutierten Rahmenvereinbarung über die gemeinsame Förderung des von der Konferenz der Akademien koordinierten Forschungsprogramms sind uns neue Projekte angeboten worden. Wir sind durchaus bereit, eine Auswahl der für uns geeigneten zu treffen, allerdings unter der Voraussetzung, daß wir in jedem Einzelfall in der Lage sind, mit eigenen sachkundigen Kräften eine Betreuung zu übernehmen. Damit sind bestimmte Grenzen gezogen, die wir im

Interesse der Projekte nicht überschreiten können, aber wo wir uns kompetent fühlen, sind positive Entscheide sicher möglich. Auch die Initiative für selbstgewählte langfristige Forschungsvorhaben behält sich die Akademie vor und wird dabei auch die Vorschläge in ihre Erwägungen einbeziehen, die in der Landtagsdebatte vom 2. Mai, wohl der ersten über Forschungsfragen im Zusammenhang mit der Akademie, angeregt worden sind.

Die Akademie ist, wie ich schon vor einem Jahr sagte, ein Schmuckstück der klugen Wissenschaftspolitik eines Landes, das in seiner wirtschaftlichen Struktur, seinen sozialen und wirtschaftlichen Existenzfragen auf Wissenschaft und Forschung in besonderem Maße angewiesen ist. Wir hoffen, daß sie es auch weiterhin bleibt und daß ihre Existenz gesichert ist, auch wenn sich das Verhältnis von Wissenschaft und Öffentlichkeit gewandelt haben sollte. Wir wollen nicht, daß wir Altertumswert oder museale Bedeutung bekommen, sondern wir wollen aktiv mitarbeiten an den Aufgaben, die eine sich wandelnde Zeit mit ihren oft bestürzenden Aspekten stellt. Wir sind als Wissenschaftler betroffen, wenn man Lösungen in der Energiefrage, in den Fragen der Sozialverfassung, aber auch der historischen Struktur dieses Landes erwartet.

Wir danken der Landesregierung und dem Landtag, daß sie uns regelmäßig und ohne großes Murren die nötigen Mittel zur Verfügung gestellt haben. Wir sehen darin stetes und fortdauerndes Interesse an uns und unserer Arbeit, auf das wir bauen können. Die Übertragung des Erbbaurechts am Karl Arnold Haus, in dem wir uns hier befinden, an die Akademie, die kürzlich vorgenommen wurde, bestärkt uns in diesem Vertrauen.

Unser heutiger Vortrag lenkt unsere Blicke auf den Osten Europas, der in so vieler Hinsicht das Schicksal Gesamteuropas beeinflußt hat, und er bringt ihn in Beziehung zu der Lebensmacht der Geschichte, die man heute so oft geneigt ist, in ihrer fundamentalen Bedeutung zu unterschätzen. Die Geschichte hat nicht nur Gewalt über uns, wir haben auch die Macht, sie mitzubestimmen, solange sie noch gegenwärtige Politik ist.

Ich gebe Herrn Kollegen Stökl das Wort.

Osteuropa – Geschichte und Politik

von *Günther Stökl,* Köln

„Osteuropa – Geschichte und Politik" – ein im kühnen Vorgriff auf das eigene Nachdenken so lapidar formuliertes Thema bedarf der einleitenden Erläuterung. Da es sich im zeitlich begrenzten Rahmen eines Vortrags schwerlich darum handeln kann, Geschichte und Politik des östlichen Europa insgesamt darzustellen, mag die gewählte Formulierung mit Hilfe des Gedankenstrichs immerhin andeuten, daß zwei zueinander in engere Beziehung gesetzte Größen – Geschichte und Politik – im Hinblick auf eine dritte – Osteuropa – Gegenstand unserer Betrachtung sein sollen. In diesen formalen Beziehungsrahmen paßt nun sehr Verschiedenes: So könnte gemeint sein die Manipulation von Geschichte und Geschichtswissenschaft aus politischen Motiven und zu politischen Zwecken in den Ländern Osteuropas. Das wäre ein relativ bekannter, relativ einfacher – vielleicht zu einfacher – Sachverhalt, ein Extremfall unmittelbarer Abhängigkeit des Gesamtbereiches Geschichte von der politischen Macht. Er wird nicht ganz abseits von dem Wege liegen, den wir gehen wollen, aber die Hauptrichtung soll eine andere sein. Handfeste Beziehungen zwischen Politik und Geschichte gibt es ja nicht nur dort, wo der Historische Materialismus Staatsreligion ist. Wir wollen zunächst und vor allem danach fragen, unter welchen politischen Voraussetzungen und mit welchen politischen Vorzeichen *bei uns* eine sich selbst als wissenschaftlich verstehende Beschäftigung mit der Geschichte Osteuropas entstanden ist und sich entfaltet hat. Der Versuch, diese Frage zu beantworten – und um mehr als einen Versuch kann es sich nicht handeln –, hätte jedoch kaum Aussicht auf Erfolg, nähmen wir nicht eine weitere Einschränkung auf das akademisch institutionalisierte historisch-wissenschaftliche Spezialfach Osteuropäische Geschichte vor.

Vorgeschichte und Voraussetzungen

Selbstverständlich ist Osteuropa nicht erst mit der Einrichtung der ersten Lehrstühle für osteuropäische Geschichte in das Blickfeld deutscher Historiker geraten. Seit es eine moderne Geschichtswissenschaft gibt, ist immer wieder einmal auch Osteuropäisches der Gegenstand ihres Forschens gewesen, sei es in thematisch konzentrierter, monographischer Weise, sei es im gesamteuropäischen Zusammenhang außenpolitischer Beziehungsgeschichte. Im Grunde ist es bis heute bei einer solchen Zweiteilung des produktiven geschichtswissenschaftlichen Interesses an Osteuropa geblieben – freilich unter stark veränderten qualitativen und quantitativen Voraussetzungen. Wir müssen es uns also versagen, auf den glanzvollen Beginn dieser vorinstitutionellen deutschen Osteuropahistorie, personifiziert in dem Göttinger Historiker August Ludwig Schlözer, näher einzugehen, obwohl sich aus ihm ein aufschlußreiches Beispiel für die Nähe der Geschichte zur Politik, wenn beide an Osteuropa interessiert sind, gewinnen ließe. Glanzvoll war im übrigen nicht, was Schlözer darstellend zur Nordischen Geschichte, wie man es damals nannte, produzierte, sondern der Anstoß, den er zur Anwendung und Durchsetzung der kritischen Methode in der russischen Geschichtswissenschaft gab[1]. Zwischen diesen Anfängen noch im 18. Jahrhundert und der Institutionalisierung des Faches Osteuropäische Geschichte verging mehr als ein Jahrhundert, für die Entwicklung einer modernen Wissenschaft eine sehr lange Zeit. Die europäische Geschichtswissenschaft, zumal die deutsche, hat in ihr einen weiten Weg zurückgelegt, und dies nicht nur in der Vervollkommnung ihrer Methoden. Und was hatte sich sonst nicht alles verändert in dieser Zeit! Verändert hatte sich auch das östliche Europa, verändert hatten sich die Beziehungen zu ihm und die Vorstellungen von ihm, verändert hatte sich das Interesse, das es auf sich zog, und verändert hatten sich die Urteile, denen es unterworfen wurde. Die letztgenannten Veränderungen während des 19. Jahrhunderts waren – wenn wir stark vereinfachen und das quantitative Zunehmen des Interesses an Osteuropa ausnehmen – keine Veränderungen in positiver Richtung.

Nur stichwortartig läßt sich andeuten, was alles in komplizierter Verflechtung zu diesem Ergebnis beigetragen hat: Die Machtposition des Russischen Reiches als Folge der napoleonischen Kriege ebenso wie das Wiedererwachen der kleineren osteuropäischen Völker zu nationalem Selbstbewußtsein; westlicher Vorsprung in einer ihr Tempo rasch beschleunigenden technischen und ökonomischen Entwicklung ebenso wie die wachsende östliche Überlegenheit in der Geburtenzuwachsrate und daher in der Bevölkerungszahl; Fortschritte der vergleichenden Sprachwissenschaft im exakten Nachweis sprachlicher Gruppenverwandtschaften ebenso wie das Aufkommen des ersten Massenkommunikationsmittels in Gestalt auflagenstarker Druckerzeugnisse[2]. Die Reihe ließe sich fortsetzen.

Dieser tiefgreifende Wandel – mochte er auch in Deutschland wie überall seine besonderen Züge tragen – war ein gesamteuropäischer. Als solcher stand er politisch im Zeichen des Nationalstaates, darauf hat Theodor

Schieder vor sechzehn Jahren von dieser Stelle aus in einer überzeugenden Analyse hingewiesen[3]. Und er hat in diesem Zusammenhang „der großen nationalen Geschichtsschreibung" – fügen wir hinzu: mit ihrer Voraussetzung in einer methodisch modernen Geschichtsforschung und mit ihrer Ausstrahlung über ein breites Spektrum von Popularisierungsmedien – mit vollem Recht die Funktion einer „Geburtshelferin des nationalen Bewußtseins der modernen europäischen Nationen" zugesprochen[4]. Damit ist der Ort der Geschichte im Wandel der modernen Welt zureichend, wenn auch noch nicht vollständig bestimmt, denn auch andere Ideologien als die nationalen bedienten – und bedienen – sich der historischen Argumentation; darauf wird in anderem Zusammenhang noch zurückzukommen sein. War aber die Nationalgeschichte, deren Nähe zur Politik keiner weiteren Erläuterung bedarf, dominierend, dann war Fremdgeschichte je nach ihren Beziehungen zur Nationalgeschichte in mehr oder minder großer Gefahr, zu einem Negativbild zu werden. Für die Geschichte Osteuropas war bei deutschen Historikern diese Gefahr groß. Einzelheiten der Entwicklung zu einem historisch begründeten ganz überwiegend negativen allgemeinen Osteuropabild bedürfen noch der Klärung trotz vergleichsweise intensiven und auch nicht erfolglosen Bemühungen der Forschung in den letzten beiden Jahrzehnten[5]. So viel scheint jedoch sicher, daß die Wendung zum eindeutig Negativen in den vierziger Jahren des 19. Jahrhunderts begann und in den siebziger Jahren einen ersten Höhepunkt erreichte, der zwar in der Folge noch erheblich übertroffen wurde, im Prinzip des Negativen jedoch nur mehr modifiziert werden konnte. Aber bei aller Einsicht in das Verhängnisvolle dieses Vorgangs sollten wir uns vor einer Verabsolutierung hüten und die höchst massive Realität von Ideologien nicht mit der Realität überhaupt verwechseln. Selbst wenn Ideologien – nationale und andere – in einen erbitterten Vernichtungskampf verwickelt sind, bedeutet das noch nicht, daß die Menschen nichts mehr miteinander zu tun haben wollen, sofern sie sich nicht selbst ausschließlich als Träger einer Ideologie verstehen oder gezwungen sind, den Anschein zu erwecken, als wäre dies der Fall.

Es gab weitere Widersprüche im engeren Bereich nationaler Geschichtswissenschaft: Als moderne kritische Wissenschaft war sie gehalten, Geschichtslegenden als solche nachzuweisen und zu bezeichnen; gebunden an das nationale Prinzip hat sie kräftig an neuer Legendenbildung mitgewirkt. Das ließ sich zwar je nach Bedarf säuberlich auf Freund und Feind verteilen, aber mitunter setzte sich die wissenschaftliche Erkenntnis auch gegen das nationale Prestige durch – das berühmteste Beispiel dieser Art ist der tschechische Handschriftenstreit[6]. Einerseits war die Tendenz zu nationaler

Selbstbezogenheit auch in der Geschichtswissenschaft überdeutlich, aber sofern das Abgrenzung und Verteidigung gegen andere Nationen und deren Geschichtsbilder implizierte, war andererseits ohne eine gewisse Kenntnis der historiographischen Produktion eben dieser anderen nicht auszukommen. Im konkreten Fall der deutsch-osteuropäischen Beziehung war solche Kenntnisnahme allerdings zusätzlich erschwert, und zwar nicht nur durch die Sprachbarriere, sondern auch durch die seit Ranke traditionelle Reduktion des eigenen Geschichtsraumes auf die Welt der romanischen und germanischen Völker. Es ist die Rede vom 19. Jahrhundert und daher die Sprachform der Vergangenheit angemessen – daß auch die Sachverhalte als völlig vergangene anzusehen sind, ist damit nicht gemeint[7].

Institutionalisierung unter politischen Vorzeichen

Als um die Wende zum 20. Jahrhundert in Berlin und in Wien die Einrichtung von Lehrstühlen und Universitätsseminaren für osteuropäische Geschichte erwogen wurde, war die deutsche öffentliche Meinung beiderseits der Grenze längst auf ein furchterregendes Negativbild vom östlichen Europa eingestimmt; man fühlte sich seit langem bedroht vom „Panslavismus“ und man sprach zunehmend von der „russischen Gefahr“[8]. So undifferenziert und übertrieben diese Angstvorstellungen auch gewesen sein mögen, ganz aus der Luft gegriffen waren sie nicht; und als gegen Ende des 19. Jahrhunderts einerseits das bewährt gute deutsch-russische Verhältnis eine Wendung zum Schlechteren nahm, andererseits sich der Nationalitätenstreit in der Habsburgermonarchie beunruhigend verschärfte, muß die politisch Verantwortlichen, die allein ja „einrichten“ konnten, in beiden Reichszentralen das Bedürfnis nach zusätzlicher, und zwar wissenschaftlicher Information über den östlichen Gefahrenbereich ergriffen haben. Die relative Gleichzeitigkeit der Institutionalisierung (in Berlin 1902, in Wien 1907)[9] ist evident, eine sehr ähnliche Interessenlage der beiden Verbündeten durchaus plausibel, unmittelbares Einvernehmen in der Vorbereitungsphase jedoch weder nachweisbar noch wahrscheinlich – dazu war die Konstituierung und Institutionalisierung einer akademischen Hilfswissenschaft der Außenpolitik doch wohl nicht wichtig genug. Im übrigen verliefen die Dinge an den beiden Gründungsorten bemerkenswert verschieden: In Berlin hat sich in vieljährigem zähem Ringen eine eminent politische Persönlichkeit, der unter dem Patronat von Treitschke 1887 mit 40 Jahren habilitierte deutsch-baltische Historiker Theodor Schiemann dank seiner ausgezeichneten Beziehungen zum Auswärtigen Amt und über dieses zum Kaiser gegen den hartnäckigen Widerstand der Philosophischen Fakultät schließlich durchgesetzt[10]; in Wien nahm die Philosophische Fakultät ein ihr angebotenes Geschenk – die durch den Fürsten Franz von und zu Liechtenstein erworbene umfangreiche Bibliothek des 1904 verstorbenen russischen Historikers Bil'basov – dankbar an und erfüllte die vom Spender damit verbundene Auflage, ein „Institut für osteuropäische Geschichte" zu begründen[11]. In Berlin wurde erster Seminardirektor der militante Deutschnationale Schiemann[12], in Wien der tschechische Balkanologe Joseph Constantin Jireček, der es nicht nur zum Professor für Slavische Philologie und Altertumskunde in Wien, sondern vorübergehend sogar zum Unterrichtsminister im eben von der Türkenherrschaft befreiten Bulgarien gebracht hatte. Aber der Schein täuscht ein wenig – die treibende Kraft in Wien war nicht der gelehrte Tscheche Jireček, sondern ein aus Kärnten stammender Großdeutscher, der Privatdozent für osteuropäische Geschichte Hans Uebersberger. Konnte sich Schiemann als politischer Publizist ausgezeichneter Beziehungen zum Auswärtigen Amt und der persönlichen Freundschaft Kaiser Wilhelms II. rühmen[13], so ist die Beraterrolle Uebersbergers auf dem Ballhausplatz in der Amtszeit des k.u.k. Außenministers Graf Lexa von Aehrenthal kein Geheimnis[14]. Aehrenthal aber hatte zuvor 1899 den spendenfreudigen Fürsten Liechtenstein als Botschafter in Petersburg abgelöst.

Zur Charakterisierung der Vorzeichen, unter denen die Geschichte des Faches Osteuropäische Geschichte begann, mag dies genügen. Aber ehe wir grundsätzliche Fragen stellen, werfen wir noch einen Blick voraus auf die weitere Entwicklung. Auch in Berlin gab es einen Privatdozenten, den weniger wissenschaftliche Neugier als ein genuin politisches Interesse an die osteuropäische Geschichte herangeführt hatte. Otto Hoetzsch war ein Schüler Schiemanns nicht nur in der osteuropäischen Geschichte, sondern auch im politischen Engagement derselben Richtung – beide waren Mitglieder des Alldeutschen Verbandes. Hoetzsch war freilich fast zwei Jahrzehnte jünger und entsprechend moderner – als Historiker wie als Politiker: Als Historiker hatte ihn nicht Treitschke sondern Lamprecht geprägt, und Freund des Kaisers zu werden, hatte er keine Chancen, er wurde deutschnationaler Reichstagsabgeordneter in der Weimarer Republik. Daß Lehrer und Schüler mehr und mehr in einen am Ende erbitterten Gegensatz gerieten, lag jedoch nicht am Konflikt der Generationen, sondern an diametral verschiedenen Auffassungen darüber, wie deutsche Ostpolitik im Umgang mit Rußland auszusehen habe. Schiemann war vor dem Ersten Weltkrieg zumindest bis nahe an die Grenze zur Propagierung eines Präventivkrieges gegangen[15]. Dem Sachsen Hoetzsch fehlte das negative Rußlanderlebnis des Deutsch-Balten, er setzte auf deutsches Zusammengehen mit Rußland im Sinne Bismarcks und der preußischen Tradition, nach Versailles auch mit dem Rußland der Oktoberrevolution. Schiemann hat die neue Zeit nicht mehr verstanden und Rapallo nicht mehr erlebt, aber in einer seiner letzten Schriften hat er noch versucht, den Vorwurf der Schuld Deutschlands und des Kaisers am Ausbruch des Weltkrieges zurückzuweisen[16]. Und in diesem Punkt war Hoetzsch nicht anderer Meinung. Das wissenschaftliche Mittel, die „Kriegsschuldfrage", wie sie damals verstanden wurde, im Sinne der Nichtschuld Deutschlands zu lösen, waren Aktenpublikationen. Die Edition der deutschen und österreichischen Akten war von der Zugänglichkeit her kein Problem, sie war Sache der deutschen und österreichischen Historiker[17]. Hoetzsch brachte es jedoch im Geiste von Rapallo fertig, in Kooperation mit den sowjetischen Historikern auch die russischen Akten diesem Zweck zu erschließen: 1931 erschien, und zwar gleichzeitig das russische Original in Moskau und die deutsche Übersetzung in Berlin, der erste Band der russischen Aktenedition „Die internationalen Beziehungen im Zeitalter des Imperialismus"; drei Jahre später lagen die fünf Bände der ersten Reihe, das Jahr 1914 bis zum Kriegsausbruch umfassend, vollständig vor. Das weitere Schicksal dieser deutsch-sowjetischen Gemeinschaftsarbeit ist einigermaßen erstaunlich: Sie überstand Hitlers Machtergreifung ebenso wie den sowjetischen Kurswechsel in Richtung Sowjetpatriotismus im darauffolgenden Jahr; von insgesamt 16 Bänden der deutschen Ausgabe erschien der letzte 1943[18], alle herausgegeben von Otto Hoetzsch, der 1935 eben seiner Sowjetkontakte wegen seines Amtes als Universitätsprofessor und Seminardirektor enthoben worden war[19]. Sein Nachfolger wurde der Österreicher Hans Uebersberger, einer der Herausgeber und Bearbeiter der österreichischen Kriegsschuld-Aktenpublikation. Inzwischen war der neue Weltkrieg freilich schon weit näher als der alte.

Aber kehren wir, nachdem wir das vorläufige Ende flüchtig in den Blick bekommen haben, noch einmal an den Beginn zurück, um einige Fragen zu stellen. Warum fiel, als die für die Außenpolitik Verantwortlichen das Bedürfnis nach mehr und besserer Information verspürten, die Wahl ausgerechnet auf Historiker? Das spontane Verlangen nach historischer Tiefe des eigenen Urteils wird kaum der Grund gewesen sein. Eher als Grund zu erwägen wäre schon die allgemein enge Verflechtung des politischen und des historischen Denkens im Nationalstaatszeitalter. Aber ausschlaggebend wird wohl gewesen sein, daß sich sprach- und sachkundige Historiker mit einem selbst für die damalige Zeit weit überdurchschnittlichen nationalpolitischen Engagement im eigenen Interesse selbst anboten, und daß es das uns geläufige breite Spektrum politik- und sozialwissenschaftlicher Spezialdisziplinen nicht gab. Doch zeigten schon die ersten Programmentwürfe vor der Institutionalisierung eine Tendenz zur Überschreitung der Fachgrenzen von Geschichtswissenschaft[20], und die erste Institution, das Berliner Seminar, hieß sicher nicht zufällig „Seminar für osteuropäische Geschichte und Landeskunde". Die Anfänge waren materiell sehr bescheiden und die Möglichkeiten, den alles umfassenden Begriff einer „Kunde" mit realem Inhalt zu erfüllen, gering, doch hat sich aus solchen Ansätzen unter Verdrängung der „Kunde" durch die ebenso alles umfassende „Forschung" später eine multidisziplinäre „Ostforschung" entwickelt. Zur Kennzeichnung der Bedingungen, unter denen dies geschah, mag der einzige Hinweis genügen, daß „Ostforschung" als diffamierendes Fremdwort in die Sprachen Osteuropas übernommen worden ist; man unterscheidet gerade noch zwischen einer „imperialistischen" Ostforschung vor und einer „faschistischen" nach 1933.

Was verstand man um die Jahrhundertwende unter „Osteuropa"? Alle Versuche der Historiker – nicht nur der deutschen –, den Begriff „Osteuropa" zu definieren, haben nur zu mitunter sehr interessanten Diskussionen, aber zu keinem allgemein akzeptierten Ergebnis geführt. Das liegt offenbar in der sehr komplizierten Natur der Sache, und es wäre daher wenig sinnvoll, einen neuen Versuch hinzuzufügen. Die gestellte konkrete Frage läßt sich dagegen sehr wohl beantworten. Als Schiemann eine Professur für osteuropäische Geschichte anstrebte, wollte er damit einer besseren deutschen „Kunde von Rußland" auf die Beine helfen[21], und als 1913 unter maßgeblicher Beteiligung des Osteuropahistorikers Hoetzsch eine Gesellschaft zur breiteren Förderung derselben Absicht entstand, da hieß diese Gesellschaft ganz konsequent „Deutsche Gesellschaft zum Studium Rußlands"[22]. Man verstand also unter „Osteuropa" in erster Linie und sehr oft ausschließlich Rußland. Dieser Sprachgebrauch spiegelte die politische Situation in Osteuropa, die Größe der russischen Macht und gewiß nicht zuletzt die Fixierung auf das gespannte deutsch-russische Verhältnis wider. Auch daraus erwuchs so etwas wie eine Tradition, und die reale Geschichte hat bis in unsere Tage wenig dazu beigetragen, diese Tradition abzubauen. Beides – die Ausweitung zur „Ostforschung" wie die Dominanz des Rußlandinteresses – hat dem neuen, auf Osteuropa konzentrierten Zweig der Geschichtswissenschaft nicht sonderlich gutgetan.

Wo blieb bei solcher Totalinfektion durch Politik überhaupt die Wissenschaft? Ist nicht der Sonderfall Osteuropäische Geschichte eine eindrucksvolle Bestätigung des so oft erhobenen Pauschalvorwurfs, daß Beschäftigung mit der Geschichte in streng wissenschaftlicher Weise gar nicht möglich sei? Dieses uferlose Thema ist hier nicht zu erörtern, aber auch im konkreten Fall sollten wir uns vor billigen Verallgemeinerungen hüten. Selbst die mehrfach erwähnten ersten professionellen Osteuropahistoriker – bei denen schon die Zeitgenossen Zweifel hatten, ob sie nicht mehr Politiker als Historiker seien – hatten ihr geschichtswissenschaftliches Handwerk gelernt und haben es nach damaligen Maßstäben durchaus erfolgreich ausgeübt. Von vielen ihrer Schüler, die mehr Zeit und bessere Gelegenheiten hatten, den wissenschaftlichen Weg zu den Originalquellen und zur kritischen Einzelstudie zu gehen, gilt das noch mehr. Hatten die Anfänge moderner Geschichtswissenschaft im Zeichen einer engen „Symbiose mit der Philologie" gestanden – um noch einmal Theodor Schieder zu zitieren –[23], so waren die Osteuropahistoriker in ihren Anfängen gezwungen – weniger der kritischen Methode als des sprachlichen Rüstzeugs wegen – engen Kontakt mit der Slavischen Philologie zu pflegen. Da Philologen an Sprachen und nicht an Staaten interessiert sind, hat dieser Kontakt zweifellos eine gewisse Auflockerung des „russozentrischen Osteuropabildes" begünstigt, die andererseits auch durch die neue politische Gestalt, die das östliche Europa am Ende des Ersten Weltkrieges angenommen hatte, nahegelegt wurde[24]. Es gab weiterhin Einzelgänger, die völlig unabhängig von der national- und staatspolitisch motivierten Institutionalisierung des Faches ihren Weg als Osteuropahistoriker verfolgten. Um nur ein – räumlich naheliegendes – Beispiel zu nennen: Den Theologen Leopold Karl Goetz hatte das altkatholische Interesse an einer Union mit der Orthodoxie – auch ein politisches, freilich ein kirchenpolitisches Motiv – bereits an Rußland und die russische Geschichte herangeführt, als er 1902 an der Philosophischen Fakultät in Bonn ein Extraordinariat erhielt, und zwar mit dem nicht eben klaren Auftrag, „die philosophischen Disziplinen mit besonderer Rücksicht auf das Bedürfnis der altkatholischen Studierenden ... zu vertreten"[25]. Realiter ging es um osteuropäische, vornehmlich russische Kirchengeschichte, aber seine bahnbrechenden, den Ersten Weltkrieg überbrückenden und bis heute von der russischen Geschichtswissenschaft anerkannten Forschungsleistungen hat Goetz im Bereich der Rechts- und Handelsgeschichte Altrußlands erbracht[26].

Versucht man, die Entwicklung bis 1933 innerhalb der personell immer noch sehr engen, gleichwohl bemerkenswert differenzierten Realität des jungen Faches auf einen Nenner zu bringen, so könnte man von einer zunehmenden, jedenfalls erkennbar vorhandenen Tendenz zur „Verwissenschaftlichung" sprechen. Der Terminus ist nicht schön und auch nicht sehr präzis, seine Spannweite reicht etwa von bewußter Distanz zur Politik bis zur Anpassung an formale wissenschaftliche Gepflogenheiten. Daß er in jüngster Zeit in verschiedenen unser Thema berührenden Zusammenhängen verwendet wird, ist jedoch kaum ein Zufall. Stellen wir vorwegnehmend fest, daß „Verwissenschaftlichung" in diesem Sinn primär nichts zu tun hat mit Kritik und Korrektur von Trivialhistoriographie, sondern stets in Beziehung zu einer Situation steht, die den Wissenschaftscharakter von Geschichtswissenschaft von seiten der Politik, in welcher Form und in welchem Ausmaß auch immer, in Frage stellt. Die erste Phase der Verwissenschaftlichung in Form quellennahen Forschens, selbstverständlicher Rezeption der osteuropäischen geschichtswissenschaftlichen Produktion und verminderter Rußlanddominanz geriet zunehmend unter den Druck einer Instrumentalisierung durch das nationalpolitische Revisionsbegehren: Jede methodische Verbesserung und jedes neue Forschungsobjekt war gut, sofern man damit die historische Begründung eigener politischer Ansprüche stützen konnte. Das ließ vertretbare Möglichkeiten der Anpassung, vor allem politisch irrelevante Rückzugsgebiete offen. Daß sich nach 1933 dieser Druck verstärkte und neue Formen einer totalen Infragestellung von Wissenschaft hinzutraten, bedarf keiner Erörterung.

Verwissenschaftlichung als Gesprächsbasis

Vieles kam zusammen, um nach 1945 dem völligen Neubeginn aus einem institutionellen Nichts von den fünfziger Jahren an unerwartet günstige Voraussetzungen zu schaffen: Die alle bisherigen Maßstäbe sprengende russische Dominanz im politischen Situationsbewußtsein, das Bestreben, den verlorenen deutschen Osten wenigstens in der Erinnerung lebendig zu erhalten (Stichwort „Ostkunde"), eine neue Generation an Osteuropa wissenschaftlich interessierter, von fragwürdigen Traditionen unbelasteter Menschen, und gewiß nicht zuletzt Großzügigkeit erlaubende materielle Möglichkeiten. Klaus Zernack, ein Angehöriger dieser Generation, empfindet es als das Charakteristische der neuen Entwicklung von Osteuropahistorie, daß nun ihrer Verwissenschaftlichung gemäß den von uns schon für die Zwischenkriegszeit erkannten Ansätzen freier Raum gegeben war – jetzt auch im Einbringen neuer Methoden und im Erreichen des unmittelbaren wissenschaftlichen Gesprächs mit den osteuropäischen Kollegen[27]. Um Ausgewogenheit war und ist freilich nach wie vor zu ringen – gegen unverhältnismäßige Russozentrik zugunsten der kleineren Völker im östlichen Europa, gegen den zeitgemäßen Drang zur allerneuesten Geschichte um Vollständigkeit eines osteuropäischen Geschichtsjahrtausends, gegen allzu einseitig sozialökonomisch ausgerichtete Forschungsansätze um die Pluralität von Methoden und Objekten der Forschung. Sehr ernsthaft zu bedenken ist im Generationenwechsel das Verflachen eines zunächst sehr starken moralischen Impulses zu fachspezifischer Vergangenheitsbewältigung[28]. Politik und Politisches spielt da in allen Formen der Vermittlung hinein.

Aber kehren wir noch einmal zum Ziel der Verwissenschaftlichung in Gestalt des unmittelbaren wissenschaftlichen Gesprächs zurück und wenden wir uns abschließend dem Gesprächspartner zu. Schulbuchkonferenzen, die gelegentlich sogar die Aufmerksamkeit der Massenmedien erregen, sind nur ein Teil dieses Gesprächs, das im übrigen nicht nur mündlich sondern auch gedruckt geführt werden kann oder geführt werden sollte. Zunächst eine Vorbemerkung: Wer sein wissenschaftliches Interesse der Geschichte Osteuropas zuwendet und die nötigen Sprachkenntnisse erworben hat, sieht sich einem ganzen Bündel seit einem guten Jahrhundert voll entfalteter moderner europäischer Nationalhistoriographien konfrontiert. Selbst wenn wir jedem Perfektionismus abschwören, das Gebot konzentrierter Auswahl beachten und ein hohes Maß an Spezialisierung einräumen, bleibt die Aufgabe überwältigend groß, sofern Wissenschaftlichkeit bedeutet: sorgfältige Kenntnisnahme, kritisches Ernstnehmen und die Verantwortung zur Weitergabe der eigenen Erkenntnisse bis hin zur Popularisierung. Nehmen wir hinzu, daß die osteuropäischen Historiographien in komplizierten wechselseitigen Beziehungen zueinander stehen und ihrerseits Wandlungen erfahren haben nicht nur von Geburtshelferinnen des Nationalstaats über eine gewisse Distanzierung von nationalpolitischen Zielsetzungen bis zur Unterwerfung unter eine alles beherrschende Ideologie, sondern auch danach – Wandlungen auf sehr verschiedenem Hintergrund, überwiegend wohl politisch, aber immer wieder einmal auch wissenschaftlich motiviert. Nehmen wir das alles zusammen, so wird neben der Größe der Aufgabe vielleicht auch deren Wichtigkeit klar.

Zur Konkretisierung wählen wir wiederum ein einziges Beispiel, ein untypisches dazu, weil in der Sowjetunion der seit 1917 durchmessene Weg fast doppelt so lang ist wie in den anderen osteuropäischen Ländern seit ihrer Einbeziehung in den Bereich der Verbindlichkeit des Marxismus-Leninismus. Die Durchsetzung des Marxismus in der Geschichtswissenschaft dauerte in der Sowjetunion ein gutes Jahrzehnt und war mit dem Namen von Michail Nikolaevič Pokrovskij verbunden, der nicht nur Marxist und Historiker, sondern auch stellvertretender Volkskommisar für Volksaufklärung war[29]. Pokrovskij war auch der Verfasser des maßgebenden marxistischen Geschichtslehrbuchs, einer von Lenin am 5. Dezember 1920 abgesegneten Kurzfassung seiner schon vor dem Kriege veröffentlichten fünfbändigen „Russischen Geschichte“[30]. Als Pokrovskij 1932 in allen Ehren starb, war nicht vorauszusehen, daß seine prominenten Kollegen sieben Jahre später, also noch vor dem Großen Vaterländischen Krieg, ein zweibändiges Sammelwerk „Gegen die historische Konzeption M. N. Pokrovskijs“, und zwar als Publikation des 1936 begründeten Geschichtsinstituts der Akademie der Wissenschaften der Sowjetunion, herausbringen würden[31]. Was war geschehen? Am 16. Mai 1934 hatte die Pravda einen Beschluß des Rates der Volkskommissare der UdSSR und des Zentralkomitees der KPdSU (b), also der Regierung und der Parteiführung, veröffentlicht, der mit der Feststellung beginnt, daß der Geschichtsunterricht in den Schulen unbefriedigend sei. „Die Lehrbücher und der Unterricht selbst tragen abstrakten, schematischen Charakter: Anstatt eines Unterrichts der Staatsgeschichte[32] in lebendiger, interessanter Form mit einer Darstellung der wichtigsten Ereignisse und Fakten in ihrer chronologischen Reihenfolge und einer Charakteristik der historischen Persönlichkeiten werden den Schülern abstrakte Definitionen sozial-ökonomischer Formationen geboten und so die zusammenhängende Darstellung der Staatsgeschichte durch abstrakte soziologische Schemata ersetzt". Das müsse sich ändern, bis zum 1. Juni 1935 seien neue Geschichtslehrbücher für Geschichte der alten Welt, Geschichte des Mittelalters, Neue Geschichte, Geschichte der UdSSR und für die Neue Geschichte der abhängigen und kolonialen Länder vorzubereiten; ferner seien „am 1. September 1934 die historischen Fakultäten an den Universitäten Moskau und Leningrad wiedereinzurichten"[33]. Mit dem soziologischen Schematismus war Pokrovskij gemeint, mit dem unbefriedigenden Unterricht das Fach Gesellschaftskunde, für das es keine Schulbücher, sondern nur Arbeitshefte gab[34]. Was der Beschluß unmittelbar gar nicht erkennen läßt, ist die Tatsache, daß er die radikale Kursänderung in Richtung Sowjetpatriotismus einleitete. Stalin hatte die Bedeutung von Geschichte als Integrationsfaktor erkannt. Die Geschichtswissenschaft hat davon materiell, personell und institutionell profitiert; und hätte man außerhalb der Sowjetunion diesen Anfängen in den dreißiger Jahren Beachtung geschenkt, so hätte man sie wohl als eine Normalisierung, wenn nicht gar Verwissenschaftlichung gedeutet[35]. Als sich nach dem Kriegsende der Stalinsche Sowjetpatriotismus im sogenannten „Kampf gegen den Kosmopolitismus" überschlug und die letzten Überreste von „nationalem Nihilismus" schonungslos ausgemerzt wurden, da fand das zwar in einer von Grund auf veränderten Situation hinlänglich Beachtung bis in die westliche Tagespresse hinein, aber die Versuchung, es als Normalisierung zu interpretieren, war denkbar gering. Es waren im Gegenteil wenige Jahre später die Veränderungen nach Stalins Tod, die als eine solche Normalisierung empfunden wurden. Ob sie mit der Etikette „Entstalinisierung" überschätzt wurden, bleibe dahingestellt. Für den Gesamtbereich von Geschichte liegen die Dinge jedoch klarer als im allgemeinen: Pokrovskij wurde rehabilitiert, aber sein nationaler Nihilismus davon ausdrücklich ausgenommen; er erhielt seine marxistische Rechtgläubigkeit zurück wie im umgekehrten Sinn Ivan der Schreckliche seine Charakterfehler. Aber die Grundrichtung blieb erhalten, und es genügt, die „Illustrierte Geschichte der UdSSR"[36] von 1975 durchzublättern, um zu erkennen, daß Geist und Stil der Nationalstaatsepoche hier zumindest nicht weniger lebendig sind als anderswo.

Diese zwar terminologisch verhüllte, aber relativ leicht erfaßbare Realität einer allumfassenden Geschichtsbetriebsamkeit unter den Vorzeichen von Machtlegitimierung und Massenintegration ist jedoch nicht alles, was über die Geschichtswissenschaft in der Sowjetunion ausgesagt werden kann. Sie hat an dieser Realität teil und sie ist selbstverständlich gehalten, sich dem politischen Ideologieanspruch gemäß selbst als Politik zu verstehen. Aber sie ist auch ein Beruf, ein an Regeln gebundenes Handwerk, eine Profession, die sich der Professio ihrer eigenen, selbst gefundenen Wahrheit nicht völlig entziehen kann – und je mehr sie sich über Jahrzehnte hinweg in die Tiefe der Quellen und in die Breite der Objekte entfaltet hat, so scheint es, desto weniger. Das mag zumeist sehr verborgen sein, jedenfalls ist es in den mancherlei Verschleierungen, in denen es zutage tritt, nur mühsam und mit großem Aufwand erkennbar, zumal wenn man das übrige Osteuropa mit einbezieht, auf das sich das sowjetische Paradigma gewiß nicht in allem, aber ebenso gewiß in diesem Punkt übertragen läßt[37].

Es sollte uns nicht erschrecken, daß unsere Überlegungen über das Verhältnis von Geschichte und Politik – in doppelter Weise auf Osteuropa bezogen – ein verwirrendes Bild produziert und sehr viel unheilvolle Verflechtung ergeben haben. Geschichte und Politik sind in Europa, im gesamten Europa, so wenig voneinander zu trennen wie die Geschichte dieses Europa vom allmählichen und organischen Heranwachsen seiner Völker zu modernen Nationen[38] und vom Hang seiner Geister zu großen, alles vereinfachenden Ideen. Europa – das ist aber wohl auch Wissenschaft, die nie mit sich zufrieden ist. Sollte es da nicht die Aufgabe der Osteuropahistorie sein – von der sicher viele meinen, daß sie im berühmten Elfenbeinturm ihre Orchideen züchtet –, auf der Basis mühsam errungener Verwissenschaftlichung hier und bedrängter Professionalisierung dort ihre Erkenntnismittel zu schärfen, ihre Kritik zu verfeinern und das Gespräch zu führen, wo immer sie Partner findet, welche die Wahrheit nicht schon haben, sondern suchen?

Anmerkungen

1 Dazu HELMUT NEUBAUER, August Ludwig Schlözer (1735–1809) und die Geschichte Osteuropas, in: Jahrbücher für Geschichte Osteuropas (hinfort JbfGO) NF 18 (1970), S. 205–230.

2 So wichtig die Presse für Entstehen und Verbreitung nationaler Vorurteile war, so schwierig ist schon aus Gründen der Quantität ihre Auswertung als Quelle. Den Versuch, drei Zeitschriften – Die Gartenlaube, Die Grenzboten, Westermann's Jahrbuch der illustrierten deutschen Monatshefte – über zwei Jahrzehnte (1860–1880) hinweg auf ihr Osteuropabild hin zu analysieren, stellt dar: MARIA LAMMICH, Das deutsche Osteuropabild in der Zeit der Reichsgründung. Boppard am Rhein 1978. Ein am Osteuropa-Institut München durchgeführtes Forschungsvorhaben „Das Rußlandbild der deutschen Parteipresse 1859–1871“ hat zwar zur karteimäßigen Erschließung des Materials, aber nur zur Veröffentlichung einer exemplarischen Analyse und eines systematischen Registers geführt: JÜRGEN KÄMMERER – WALTER RIETHMÜLLER, Die russische Eroberung Dagestans (1859) im Spiegel der Berliner Parteipresse; DIES., Systematisches Verzeichnis der Rußlandberichterstattung der Kreuzzeitung (1859–1871), der Vossischen Zeitung (1859–1865) und der National-Zeitung (1866–1971) = Arbeiten aus dem Osteuropa-Institut München. Working Papers Nr. 2, Juni 1975, und Nr. 39, November 1977. An Einzeluntersuchungen wären zu nennen: RAINER FUHRMANN, Die Orientalische Frage, das „Panslawistisch-Chauvinistische Lager“ und das Zuwarten auf Krieg und Revolution. Die Osteuropaberichterstattung und -vorstellungen der „Deutschen Rundschau“ 1874–1918 = Europäische Hochschulschriften, Reihe III, Geschichte und ihre Hilfswissenschaften, Bd. 46, Frankfurt a. M. 1975, und BRIGITTE FRIES, Das durch die Kölnische Zeitung in den Jahren 1870–1880 vermittelte Bild von Rußland und von den Slaven (Staatsarbeit Köln 1968, ungedruckt).

3 THEODOR SCHIEDER, Der Nationalstaat in Europa als historisches Phänomen = Arbeitsgemeinschaft für Forschung des Landes Nordrhein-Westfalen, Heft G 119, Köln-Opladen 1964.

4 Ebenda S. 13.

5 Vgl. Anm. 2. Weitere Literatur bei M. LAMMICH a.a.O. S. 269–276. Ferner ROLF-PETER HABBIG, Das Bild der Slawen und das Bild Rußlands in den deutschen Enzyklopädien des 19. und des beginnenden 20. Jahrhunderts (Staatsarbeit Köln 1968, ungedruckt).

6 RICHARD GEORG PLASCHKA, Von Palacký bis Pekař. Geschichtswissenschaft und Nationalbewußtsein bei den Tschechen = Wiener Archiv für Geschichte des Slawentums und Osteuropas, Bd. 1, 1955, S. 47–50.

7 Zwar hat die These des neunundzwanzigjährigen Ranke: „In der That gehn uns Neuyork und Lima näher an, als Kiew und Smolensk“ (hier zitiert nach MANFRED HELLMANN, Die Geschichte Osteuropas im Rahmen der europäischen Geschichte, in: Historisches Jahrbuch 94, 1974, S. 1–24, das Zitat S. 2; auf die Positionsbestimmung

Hellmanns sei in diesem Zusammenhang besonders verwiesen) jüngst eine bemerkenswerte Antithese gefunden: „... eine Geschichte (gemeint ist die der europäischen Zivilisation) ..., aus der weder Oxford weggedacht werden kann noch Cluny, noch Sagorsk, die Venedig und Nowgorod, die Prag und Aachen, die Paris und Krakau, die Byzanz und Rom und alles das mit einschließt" (Bundeskanzler Helmut Schmidt in seiner Ansprache auf dem 32. Deutschen Historikertag in Hamburg am 4. Oktober 1978. Presse- und Informationsamt der Bundesregierung. Bulletin Nr. 114 v. 10. 10. 1978, S. 1071), aber so trefflich sich mit Städtenamen formulieren läßt, das allgemeine Geschichtsbewußtsein bewegt sich, sofern es sich überhaupt bewegt, wohl nach wie vor in den Bahnen der Rankeschen These.

8 Die Literatur zum „Panslavismus" ist längst unübersehbar. Für eine allgemeine Orientierung immer noch grundlegend: Hans Kohn, Panslavism. Its History and Ideology. Notre Dame, Indiana 1953; zur russischen Sonderform: Michael Boro Petrovich, The Emergence of Russian Panslavism 1856–1870. New York 1956. Zur „russischen Gefahr" Fritz T. Epstein, Der Komplex „Die russische Gefahr" und sein Einfluß auf die deutsch-russischen Beziehungen im 19. Jahrhundert, in: Deutschland in der Weltpolitik des 19. und 20. Jahrhunderts (Fritz Fischer zum 65. Geburtstag), hrsg. v. I. Geiss u. B. J. Wendt, Düsseldorf 1973, S. 143–159, und Risto Ropponen, Die russische Gefahr. Das Verhalten der öffentlichen Meinung Deutschlands und Österreich-Ungarns gegenüber der Außenpolitik Rußlands in der Zeit zwischen dem Frieden von Portsmouth und dem Ausbruch des Ersten Weltkrieges = Historiallisia Tutkimuksia Bd. 100, Helsinki 1976.

9 Die genauen Gründungsdaten sind: Berlin 30. 6. 1902 (Horst Giertz, Das Berliner Seminar für osteuropäische Geschichte und Landeskunde [bis 1920], in: Jahrbuch für Geschichte der UdSSR und der volksdemokratischen Länder Europas, Bd. 10, Berlin [Ost] 1967, S. 183–217, hier S. 202); Wien 14. 8. 1907 (Thorvi Eckhardt, Zur Geschichte des Seminars für osteuropäische Geschichte der Universität Wien im ersten Jahrzehnt seines Bestandes, 1907–1918. Ausgewählte Akten und Regesten, in: Studien zur älteren Geschichte Osteuropas II. Teil, redigiert v. Heinrich Felix Schmid. Festgabe zur Fünfzig-Jahr-Feier des Instituts für osteuropäische Geschichte und Südostforschung der Universität Wien = Wiener Archiv für Geschichte des Slawentums und Osteuropas, Bd. 3, 1959, S. 14–47, hier S. 18–20.

10 H. Giertz a.a.O. S. 183–206.

11 Th. Eckhardt a.a.O. Dokumente 1–3, S. 15–20.

12 Klaus Meyer, Theodor Schiemann als politischer Publizist = Nord- und osteuropäische Geschichtsstudien Bd. 1, Frankfurt a.M./Hamburg 1956.

13 Ebenda S. 53, 57–58.

14 So Konrad Bittner, Hans Uebersberger 80 Jahre, in: JbfGO NF 5 (1957), S. 5, und Helmut Neubauer in seinem Nekrolog, ebenda 11 (1963), S. 157; auch Gerd Voigt, Otto Hoetzsch 1876–1946. Wissenschaft und Politik im Leben eines deutschen Historikers = Quellen und Studien zur Geschichte Osteuropas Bd. 21, Berlin (Ost) 1978, S. 48 Anm. 84 unter Berufung auf die Breslauer Hochschulrundschau 1934, H. 3, S. 40. Eine Reise nach Stockholm, die Uebersberger im Auftrag des k.u.k. Ministeriums des Äußeren im Mai 1917 unternahm und von der er bis zum Ende des Sommersemesters nicht zurückgekehrt war, ist in den Akten des Wiener Seminars bezeugt. Th. Eckhardt a.a.O. S. 44.

15 K. Meyer a.a.O. S. 43 behauptet dezidiert, daß Schiemann „den Gedanken eines Präventivkrieges niemals vertreten" habe. G. Voigt a.a.O. S. 3 ist umgekehrt der An-

sicht, daß Schiemann sein Leben lang nichts anderes im Sinne gehabt habe, als „einen Krieg zwischen Deutschland und Rußland zu schüren". Allerdings vermeidet er ebenso wie Hoetzsch, auf dessen an Kuno Graf Westarp gerichteten Brief vom 21. 1. 1915 (im Anhang als Dokument 3, S. 311–315 abgedruckt) er sich stützt, den Terminus „Präventivkrieg". An Schiemanns antirussischer außenpolitischer Konzeption kann jedenfalls so wenig ein Zweifel sein wie an der antiwestlichen von Hoetzsch.

16 THEODOR SCHIEMANN, Deutschlands und Kaiser Wilhelms II. angebliche Schuld am Ausbruch des Weltkrieges. Eine Entgegnung an Karl Kautsky. Berlin/Leipzig 1921. Nach K. MEYER a.a.O., S. 69 u. 291.

17 Die große Politik der europäischen Kabinette 1871–1914. Sammlung der Diplomatischen Akten des Auswärtigen Amtes, 40 Bde. Berlin 1922–1927; Österreich-Ungarns Außenpolitik von der Bosnischen Krise 1908 bis zum Kriegsausbruch 1914. Diplomatische Aktenstücke des österreichisch-ungarischen Ministeriums des Äußern, 9 Bde. Wien/Leipzig 1930.

18 Die internationalen Beziehungen im Zeitalter des Imperialismus. Dokumente aus den Archiven der Zarischen und der Provisorischen Regierung, 16 Bde. Berlin 1931–1943.

19 Über die gegen Hoetzsch gerichtete Kampagne und die näheren Umstände seiner Entlassung G. VOIGT a.a.O. S. 262–264. Die umfangreiche, tendenziös simplifizierende Monographie von Voigt ist wegen der Verwertung ungedruckten Aktenmaterials und eines Anhangs von zwanzig bisher unveröffentlichten Dokumenten wichtig. Die anläßlich des 80. Geburtstages und des 10. Todestages von Hoetzschs Schülern veröffentlichte Gedenkschrift „Rußlandstudien" (= Schriftenreihe Osteuropa Nr. 3, Stuttgart 1957) nimmt nur in einem Beitrag auf Hoetzsch selbst Bezug (FRITZ T. EPSTEIN, Otto Hoetzsch als außenpolitischer Kommentator während des Ersten Weltkrieges, S. 9–28); die einleitende kurze Würdigung der Persönlichkeit von Hoetzsch ist biographisch wenig ergiebig.

20 So eine Denkschrift Schiemanns vom 10. 10. 1900. H. GIERTZ a.a.O. S. 190f.

21 Ebenda. Schiemanns Denkschrift trug den Titel: „Einige Gedanken über die Notwendigkeit, für eine Erweiterung unserer Kunde von Rußland Sorge zu tragen".

22 Fünfzig Jahre Osteuropa-Studien. Zur Geschichte der Deutschen Gesellschaft für Osteuropakunde. 1963. G. VOIGT a.a.O. passim.

23 THEODOR SCHIEDER, Geschichte als Wissenschaft. Eine Einführung. 2., überarbeitete Auflage. München/Wien 1968, S. 13.

24 Vgl. KLAUS ZERNACK, Osteuropa. Eine Einführung in seine Geschichte. München 1977, S. 15. Dem sehr bedenkenswerten Entwurf Zernacks verdanken die Ausführungen meines Vortrags nicht nur in diesem Zusammenhang viel. Verwiesen sei auch auf die Standortbestimmungen von HELMUT NEUBAUER (Osteuropäische Geschichte. Anmerkungen zum Gegenstand eines jungen Faches in Heidelberg, in: Heidelberger Jahrbücher 14, 1970, S. 144–156), GEORG V. RAUCH (Zur Frage des Standortes der Osteuropäischen Geschichte, in: Geschichte in Wissenschaft und Unterricht 10, 1973, S. 185–194) und MANFRED HELLMANN (siehe Anm. 7).

25 HORST JABLONOWSKI, Leopold Karl Goetz. 1868–1931, in: 150 Jahre Rheinische Friedrich-Wilhelms-Universität zu Bonn. 1818–1968. Bonner Gelehrte. Beiträge zur Geschichte der Wissenschaften in Bonn. Geschichtswissenschaften. Bonn 1968, S. 293–298, hier S. 293.

26 Mitunter ergeben die realen Details ein geradezu verwirrendes Bild. Der russische Historiker Bil'basov, dessen Bibliothek für die Fachbegründung in Wien eine so wichtige Rolle spielte, war bei Schiemanns wiederholten Besuchen in Petersburg einer von dessen

Gesprächspartnern (K. MEYER a.a.O. S. 49). Sie waren Berufskollegen als Publizisten, nur war Bil'basov den umgekehrten Weg gegangen, hatte 1871 seine Kiever Professur aufgegeben und die Redaktion der Zeitschrift „Golos“ übernommen (Očerki istorii istoričeskoj nauki v SSR. Bd. 2, Moskau 1960, S. 332). Derselbe Bil'basov, bekannt durch seine Biographie Katharinas II., hatte in einer früheren mediävistischen Phase mit einer Buchpublikation in den ideologiebefrachteten Streit um die Slavenapostel Kyrill und Method eingegriffen – ebenso wie ein Menschenalter später L. K. Goetz (H. JABLONOWSKI a.a.O. S. 294).

27 K. ZERNACK a.a.O. S. 16–19.

28 Diesem Impuls verdankt mein aus Vorträgen im Rahmen der Erwachsenenbildung hervorgegangenes Buch „Osteuropa und die Deutschen. Geschichte und Gegenwart einer spannungsreichen Nachbarschaft“ (2. durchgesehene Aufl. München 1970 = dtv 711) sein Entstehen. Diese „geschichtliche Selbstkritik“ ist seit langem vergriffen, der Verlag an einer Neuauflage nicht interessiert.

29 Dazu jetzt GEORGE M. ENTEEN, The Soviet Scholar-Bureaucrat. M. N. Pokrovskii and the Society of Marxist Historians. University Park/London 1978.

30 Beide Fassungen liegen jetzt in einer sowjetischen Neuausgabe vor: M. N. POKROVSKIJ Izbrannye proizvedenija. Bd. 1–3, Moskau 1965–1967.

31 Protiv istoričeskoj koncepcii M. N. Pokrovskogo. Sbornik statej. Čast' pervaja. Moskau/Leningrad 1939; Protiv antimarksistskoj koncepcii M. N. Pokrovskogo. Sbornik statej. Čast' vtoraja. Moskau/Leningrad 1940.

32 Der hier im russischen Original gebrauchte Terminus „graždanskaja istorija“ ist mit „Staatsgeschichte“ nicht ganz zutreffend übersetzt; er bedeutet eigentlich „staatsbürgerliche Geschichte“ (englisch: civic history).

33 ERWIN OBERLÄNDER, Sowjetpatriotismus und Geschichte. Dokumentation = Dokumente zum Studium des Kommunismus Bd. 4, Köln 1967, S. 125–126; MARTIN PUNDEFF (ed.), History in the U.S.S.R. Selected Readings. San Francisco 1967, S. 98–99.

34 Zusammenfassend zur Frage des Geschichtsunterrichts in der Sowjetunion jetzt HANS-HEINRICH NOLTE, Integration oder eigenes Fach? Die sowjetische Diskussion um Geschichte und Gesellschaftskunde, in: Geschichte in Wissenschaft und Unterricht 1979, H. 4, S. 215–237, hier besonders der erste Abschnitt „Die Phase der Reformpädagogik und die Eingliederung der Geschichte in die Gesellschaftskunde“, S. 215–218.

35 FRITZ EPSTEIN, der die Entwicklung der sowjetischen Geschichtswissenschaft aufmerksam verfolgte (vgl. seinen Literaturbericht „Die marxistische Geschichtswissenschaft in der Sowjetunion seit 1927“, in: Jahrbücher für Kultur und Geschichte der Slaven NF 6, 1930, S. 78–203), war im Sommer 1934 zur Emigration gezwungen. Zum historischen Sowjetpatriotismus allgemein die in Anm. 33 genannten Dokumentationen von E. OBERLÄNDER und M. PUNDEFF; dort auch weiterführende Literaturangaben.

36 V. T. PAŠUTO u. a. Illjustrirovannaja istorija SSSR. Moskau 1975. Leichter zugänglich ist die ebenfalls illustrierte „Geschichte der UdSSR in drei Teilen“. 3 Bde. Moskau/Köln 1977.

37 Für die Entwicklung der Parteigeschichte bis Mitte der sechziger Jahre KURT MARKO, Sowjethistoriker zwischen Ideologie und Wissenschaft. Aspekte der sowjetrussischen Wissenschaftspolitik seit Stalins Tod, 1953–1963 = Abhandlungen des Bundesinstituts zur Erforschung des Marxismus-Leninismus (Institut für Sowjetologie), Bd. 7, Köln 1964, und NANCY WHITTIER HEER, Politics and History in the Soviet Union. Cambridge Mass./London 1971. Zeitlich etwas weiterführend und für die sowjetische bzw. osteuropäische Historiographie allgemein: SAMUEL H. BARON – NANCY W. HEER (ed.),

Windows on the Russian Past. Essays on Soviet Historiography since Stalin. Columbus, Ohio 1977 (s. meine Rezension in: JbfGO 26, 1978, S. 577–580); G. STÖKL (ed.), Die Interdependenz von Geschichte und Politik in Osteuropa seit 1945. Historiker-Fachtagung der Deutschen Gesellschaft für Osteuropakunde vom 9.–11. 6. 1976 in Bad Wiessee. Protokoll. Stuttgart 1977.

[38] Daß dieses organische Heranwachsen nicht ohne komplizierte Umwege verlaufen ist, darin ist KLAUS ZERNACK (Das Jahrtausend deutsch-polnischer Beziehungsgeschichte als geschichtswissenschaftliches Problemfeld und Forschungsaufgabe, in: WOLFGANG H. FRITZE – KLAUS ZERNACK [ed.], Grundfragen der geschichtlichen Beziehungen zwischen Deutschen, Polaben und Polen. Berlin 1976, S. 3–46, hier S. 15) gewiß zuzustimmen.

Veröffentlichungen der Arbeitsgemeinschaft für Forschung des Landes Nordrhein-Westfalen, jetzt: Rheinisch-Westfälische Akademie der Wissenschaften

Neuerscheinungen 1970 bis 1979

GEISTESWISSENSCHAFTEN

Vorträge G Heft Nr.		
164	*Arno Esch, Bonn*	James Joyce und sein *Ulysses*
165	*Edward J. M. Kroker, Königstein*	Die Strafe im chinesischen Recht
166	*Max Braubach, Bonn*	Beethovens Abschied von Bonn
167	*Erich Dinkler, Heidelberg*	Der Einzug in Jerusalem. Ikonographische Untersuchungen im Anschluß an ein bisher unbekanntes Sarkophagfragment Mit einem epigraphischen Beitrag von Hugo Brandenburg
168	*Gustaf Wingren, Lund*	Martin Luther in zwei Funktionen
169	*Herbert von Einem, Bonn*	Das Programm der Stanza della Segnatura im Vatikan
170	*Hans-Georg Gadamer, Heidelberg*	Die Begriffsgeschichte und die Sprache der Philosophie
171	*Theodor Kraus, Köln*	Die Gemeinde und ihr Territorium – Fünf Gemeinden der Niederrheinlande in geographischer Sicht
172	*Ernst Langlotz, Bonn*	Der architekturgeschichtliche Ursprung der christlichen Basilika
173	*Hermann Conrad, Bonn*	Staatsgedanke und Staatspraxis des aufgeklä rten Absolutismus Jahresfeier am 19. Mai 1971
174	*Tilemann Grimm, Bochum*	Chinas Traditionen im Umbruch der Zeit
175	*Hans Erich Stier, Münster*	Der Untergang der klassischen Demokratie
176	*Heinz-Dietrich Wendland, Münster*	Die Krisis der Volkskirche – Zerfall oder Gestaltwandel?
177	*Gerhard Kegel, Köln*	Zur Schenkung von Todes wegen
178	*Theodor Schieder, Köln*	Hermann Rauschnings „Gespräche mit Hitler" als Geschichtsquelle
179	*Friedrich Nowakowski, Innsbruck*	Probleme der österreichischen Strafrechtsreform
180	*Karl Gustav Fellerer, Köln*	Der Stilwandel in der abendländischen Musik um 1600
181	*Georg Kauffmann, Münster*	Michelangelo und das Problem der Säkularisation
182	*Harry Westermann, Münster*	Freiheit des Unternehmers und des Grundeigentümers und ihre Pflichtenbindungen im öffentlichen Interesse nach dem Referentenentwurf eines Bundesberggesetzes
183	*Ernst-Wolfgang Böckenförde, Bielefeld*	Die verfassungstheoretische Unterscheidung von Staat und Gesellschaft als Bedingung der individuellen Freiheit
184	*Kurt Bittel, Berlin*	Archäologische Forschungsprobleme zur Frühgeschichte Kleinasiens
185	*Paul Egon Hübinger, Bonn*	Die letzten Worte Papst Gregors VII.
186	*Günter Kahle, Köln*	Das Kaukasusprojekt der Alliierten vom Jahre 1940
187	*Hans Erich Stier, Münster*	Welteroberung und Weltfriede im Wirken Alexanders d. Gr.
188	*Jacques Droz, Paris*	Einfluß der deutschen Sozialdemokratie auf den französischen Sozialismus (1871–1914)
189	*Eleanor v. Erdberg-Consten, Aachen*	Die Architektur Taiwans Ein Beitrag zur Geschichte der chinesischen Baukunst
190	*Herbert von Einem, Bonn*	Die Medicimadonna Michelangelos
191	*Ulrich Scheuner, Bonn*	Das Mehrheitsprinzip in der Demokratie
192	*Theodor Schieder, Köln*	Probleme einer europäischen Geschichte Jahresfeier am 30. Mai 1973
193	*Erich Otremba, Köln*	Die „Kanalstadt". Der Siedlungsraum beiderseits des Ärmelkanals in raumdynamischer Betrachtung
194	*Max Wehrli, Zürich*	Wolframs ‚Titurel'
195	*Heinrich Dörrie, Münster*	Pygmalion – Ein Impuls Ovids und seine Wirkungen bis in die Gegenwart
196	*Jan Hendrik Waszink, Leiden*	Biene und Honig als Symbol des Dichters und der Dichtung in der griechisch-römischen Antike
197	*Henry Chadwick, Oxford*	Betrachtungen über das Gewissen in der griechischen, jüdischen und christlichen Tradition

198	*Ernst Benda, Karlsruhe*	Gefährdungen der Menschenwürde
199	*Herbert von Einem, Bonn*	‚Die Folgen des Krieges‘. Ein Alterswerk von Peter Paul Rubens
200	*Hansjakob Seiler, Köln*	Das linguistische Universalienproblem in neuer Sicht
201	*Werner Flume, Bonn*	Gewohnheitsrecht und römisches Recht
202	*Rudolf Morsey, Speyer*	Zur Entstehung, Authentizität und Kritik von Brünings „Memoiren 1918–1934“
203	*Stephan Skalweit, Bonn*	Der „moderne Staat“. Ein historischer Begriff und seine Problematik
204	*Ludwig Landgrebe, Köln*	Der Streit um die philosophischen Grundlagen der Gesellschaftstheorie
205	*Elmar Edel, Bonn*	Ägyptische Ärzte und ägyptische Medizin am hethitischen Königshof
		Neue Funde von Keilschriftbriefen Ramses' II. aus Bogazköy
206	*Eduard Hegel, Bonn*	Die katholische Kirche Deutschlands unter dem Einfluß der Aufklärung des 18. Jahrhunderts
207	*Friedrich Ohly, Münster*	Der Verfluchte und der Erwählte. Vom Leben mit der Schuld
208	*Siegfried Herrmann, Bochum*	Ursprung und Funktion der Prophetie im alten Israel
209	*Theodor Schieffer, Köln*	Krisenpunkte des Hochmittelalters
		Jahresfeier am 7. Mai 1975
210	*Ulrich Scheuner, Bonn*	Die Vereinten Nationen als Faktor der internationalen Politik
211	*Heinrich Dörrie, Münster*	Von Platon zum Platonismus
		Ein Bruch in der Überlieferung und seine Überwindung
212	*Karl Gustav Fellerer, Köln*	Der Akademismus in der deutschen Musik des 19. Jahrhunderts
213	*Hans Kauffmann, Bonn*	Probleme griechischer Säulen
214	*Ivan Dujčev, Sofia*	Heidnische Philosophen und Schriftsteller in der alten bulgarischen Wandmalerei
215	*Bruno Lewin, Bochum*	Der koreanische Anteil am Werden Japans
216	*Tilemann Grimm, Tübingen*	Meister Kung
		Zur Geschichte der Wirkungen des Konfuzius
217	*Harald Weinrich, Bielefeld*	Für eine Grammatik mit Augen und Ohren, Händen und Füßen – am Beispiel der Präpositionen
218	*Roman Jakobson, Cambridge, Mass.*	Der grammatische Aufbau der Kindersprache
219	*Jan Öberg, Stockholm*	Das Urkundenmaterial Skandinaviens
		Bestände, Editionsvorhaben, Erforschung
220	*Werner Beierwaltes, Freiburg i. Br.*	Identität und Differenz. Zum Prinzip cusanischen Denkens
221	*Walter Hinck, Köln*	Vom Ausgang der Komödie. Exemplarische Lustspielschlüsse in der europäischen Literatur
222	*Heinz Hürten, Freiburg i. Br.*	Reichswehr und Ausnahmezustand. Ein Beitrag zur Verfassungsproblematik der Weimarer Republik in ihrem ersten Jahrfünft
223	*Bernhard Kötting, Münster*	Religionsfreiheit und Toleranz im Altertum
		Jahresfeier am 18. Mai 1977
224	*Karl J. Narr, Münster*	Zeitmaße in der Urgeschichte
225	*Karl Ed. Rothschuh, Münster*	Iatromagie: Begriff, Merkmale, Motive, Systematik
226	*Samuel R. Spencer, Jr., Davidson, North Carolina*	Die amerikanische Stimmung im Jahr des Janus
227	*Paul Mikat, Düsseldorf*	Dotierte Ehe – rechte Ehe. Zur Entwicklung des Eheschließungsrechts in fränkischer Zeit
228	*Herbert Franke, München*	Nordchina am Vorabend der mongolischen Eroberungen: Wirtschaft und Gesellschaft unter der Chin-Dynastie (1115–1234)
229	*András Mócsy, Budapest*	Zur Entstehung und Eigenart der Nordgrenzen Roms
230	*Heinrich Dörrie, Münster*	Sinn und Funktion des Mythos in der griechischen und der römischen Dichtung
231	*Jean Bingen, Brüssel*	Le Papyrus Revenue Laws – Tradition grecque et Adaptation hellénistique
232	*Niklas Luhmann, Bielefeld*	Organisation und Entscheidung
233	*Louis Reekmans, Leuven*	Die Situation der Katakombenforschung in Rom
234	*Josef Pieper, Münster*	Was heißt Interpretation?
235	*Walther Heissig, Bonn*	Die Zeit des letzten mongolischen Großkhans Ligdan (1604–1634)
236	*Alf Önnerfors, Köln*	Die Verfasserschaft des Waltharius-Epos aus sprachlicher Sicht
238	*Günther Stökl, Köln*	Osteuropa – Geschichte und Politik
		Jahresfeier am 23. Mai 1979

ABHANDLUNGEN

Band Nr.		
30	*Walther Hubatsch, Bonn, Bernhard Stasiewski, Bonn, Reinhard Wittram, Göttingen, Ludwig Petry, Mainz, und Erich Keyser, Marburg (Lahn)*	Deutsche Universitäten und Hochschulen im Osten
31	*Anton Moortgat, Berlin*	Tell Chuēra in Nordost-Syrien. Bericht über die vierte Grabungskampagne 1963
32	*Albrecht Dihle, Köln*	Umstrittene Daten. Untersuchungen zum Auftreten der Griechen am Roten Meer
33	*Heinrich Behnke und Klaus Kopfermann (Hrsg.), Münster*	Festschrift zur Gedächtnisfeier für Karl Weierstraß 1815–1965
34	*Joh. Leo Weisgerber, Bonn*	Die Namen der Ubier
35	*Otto Sandrock, Bonn*	Zur ergänzenden Vertragsauslegung im materiellen und internationalen Schuldvertragsrecht. Methodologische Untersuchungen zur Rechtsquellenlehre im Schuldvertragsrecht
36	*Iselin Gundermann, Bonn*	Untersuchungen zum Gebetbüchlein der Herzogin Dorothea von Preußen
37	*Ulrich Eisenhardt, Bonn*	Die weltliche Gerichtsbarkeit der Offizialate in Köln, Bonn und Werl im 18. Jahrhundert
38	*Max Braubach, Bonn*	Bonner Professoren und Studenten in den Revolutionsjahren 1848/49
39	*Henning Bock (Bearb.), Berlin*	Adolf von Hildebrand Gesammelte Schriften zur Kunst
40	*Geo Widengren, Uppsala*	Der Feudalismus im alten Iran
41	*Albrecht Dihle, Köln*	Homer-Probleme
42	*Frank Reuter, Erlangen*	Funkmeß. Die Entwicklung und der Einsatz des RADAR-Verfahrens in Deutschland bis zum Ende des Zweiten Weltkrieges
43	*Otto Eißfeldt, Halle, und Karl Heinrich Rengstorf (Hrsg.), Münster*	Briefwechsel zwischen Franz Delitzsch und Wolf Wilhelm Graf Baudissin 1866–1890
44	*Reiner Haussherr, Bonn*	Michelangelos Kruzifixus für Vittoria Colonna. Bemerkungen zu Ikonographie und theologischer Deutung
45	*Gerd Kleinheyer, Regensburg*	Zur Rechtsgestalt von Akkusationsprozeß und peinlicher Frage im frühen 17. Jahrhundert. Ein Regensburger Anklageprozeß vor dem Reichshofrat. Anhang: Der Statt Regenspurg Peinliche Gerichtsordnung
46	*Heinrich Lausberg, Münster*	Das Sonett *Les Grenades* von Paul Valéry
47	*Jochen Schröder, Bonn*	Internationale Zuständigkeit. Entwurf eines Systems von Zuständigkeitsinteressen im zwischenstaatlichen Privatverfahrensrecht aufgrund rechtshistorischer, rechtsvergleichender und rechtspolitischer Betrachtungen
48	*Günther Stökl, Köln*	Testament und Siegel Ivans IV.
49	*Michael Weiers, Bonn*	Die Sprache der Moghol der Provinz Herat in Afghanistan
50	*Walther Heissig (Hrsg.), Bonn*	Schriftliche Quellen in Moġolī. 1. Teil: Texte in Faksimile
51	*Thea Buyken, Köln*	Die Constitutionen von Melfi und das Jus Francorum
52	*Jörg-Ulrich Fechner, Bochum*	Erfahrene und erfundene Landschaft. Aurelio de'Giorgi Bertòlas Deutschlandbild und die Begründung der Rheinromantik
53	*Johann Schwartzkopff (Red.), Bochum*	Symposium ‚Mechanoreception'
54	*Richard Glasser, Neustadt a. d. Weinstr.*	Über den Begriff des Oberflächlichen in der Romania
55	*Elmar Edel, Bonn*	Die Felsgräbernekropole der Qubbet el Hawa bei Assuan. II. Abteilung. Die althieratischen Topfaufschriften aus den Grabungsjahren 1972 und 1973
56	*Harald von Petrikovits, Bonn*	Die Innenbauten römischer Legionslager während der Prinzipatszeit

57	*Harm P. Westermann u. a., Bielefeld*	Einstufige Juristenausbildung. Kolloquium über die Entwicklung und Erprobung des Modells im Land Nordrhein-Westfalen
58	*Herbert Hesmer, Bonn*	Leben und Werk von Dietrich Brandis (1824–1907) – Begründer der tropischen Forstwirtschaft. Förderer der forstlichen Entwicklung in den USA. Botaniker und Ökologe
59	*Michael Weiers, Bonn*	Schriftliche Quellen in Moġolī, 2. Teil: Bearbeitung der Texte
60	*Reiner Haussherr, Bonn*	Rembrandts Jacobssegen Überlegungen zur Deutung des Gemäldes in der Kasseler Galerie
61	*Heinrich Lausberg, Münster*	Der Hymnus ›Ave maris stella‹
62	*Michael Weiers, Bonn*	Schriftliche Quellen in Moġolī, 3. Teil: Poesie der Mogholen
63	*Werner H. Hauss (Hrsg.), Münster, Robert W. Wissler, Chicago, Rolf Lehmann, Münster*	International Symposium 'State of Prevention and Therapy in Human Arteriosclerosis and in Animal Models'
64	*Heinrich Lausberg, Münster*	Der Hymnus ›Veni Creator Spiritus‹

Sonderreihe
PAPYROLOGICA COLONIENSIA

Vol. I *Aloys Kehl, Köln*	Der Psalmenkommentar von Tura, Quaternio IX (Pap. Colon. Theol. 1)
Vol. II *Erich Lüddeckens, Würzburg, P. Angelicus Kropp O. P., Klausen, Alfred Hermann und Manfred Weber, Köln*	Demotische und Koptische Texte
Vol. III *Stephanie West, Oxford*	The Ptolemaic Papyri of Homer
Vol. IV *Ursula Hagedorn und Dieter Hagedorn, Köln, Louise C. Youtie und Herbert C. Youtie, Ann Arbor*	Das Archiv des Petaus (P. Petaus)
Vol. V *Angelo Geißen, Köln*	Katalog Alexandrinischer Kaisermünzen der Sammlung des Instituts für Altertumskunde der Universität zu Köln Band 1: Augustus-Trajan (Nr. 1–740) Band 2: Hadrian-Antoninus Pius (Nr. 741–1994)
Vol. VI *J. David Thomas, Durham*	The epistrategos in Ptolemaic and Roman Egypt Part 1: The Ptolemaic epistrategos
Vol. VII *Bärbel Kramer und Robert Hübner (Bearb.), Köln*	Kölner Papyri (P. Köln) Band 1
Bärbel Kramer und Dieter Hagedorn (Bearb.), Köln	Band 2
Vol. VIII *Sayed Omar, Kairo*	Das Archiv des Soterichos (P. Soterichos)

SONDERVERÖFFENTLICHUNGEN

Der Minister für Wissenschaft und Forschung des Landes Nordrhein-Westfalen	Jahrbuch 1963, 1964, 1965, 1966, 1967, 1968, 1969, 1970 und 1971/72 des Landesamtes für Forschung

Verzeichnisse sämtlicher Veröffentlichungen der Arbeitsgemeinschaft für Forschung des Landes Nordrhein-Westfalen, jetzt: Rheinisch-Westfälische Akademie der Wissenschaften, können beim Westdeutschen Verlag GmbH, Postfach 300 620, 5090 Leverkusen 3 (Opladen), angefordert werden

www.ingramcontent.com/pod-product-compliance
Ingram Content Group UK Ltd.
Pitfield, Milton Keynes, MK11 3LW, UK
UKHW021931190726
13853UKWH00002B/975

* 9 7 8 3 5 3 1 0 7 2 3 8 8 *